Ingo Siegner

Der kleine Drache Kokosnuss

Experimentieren leicht gemacht

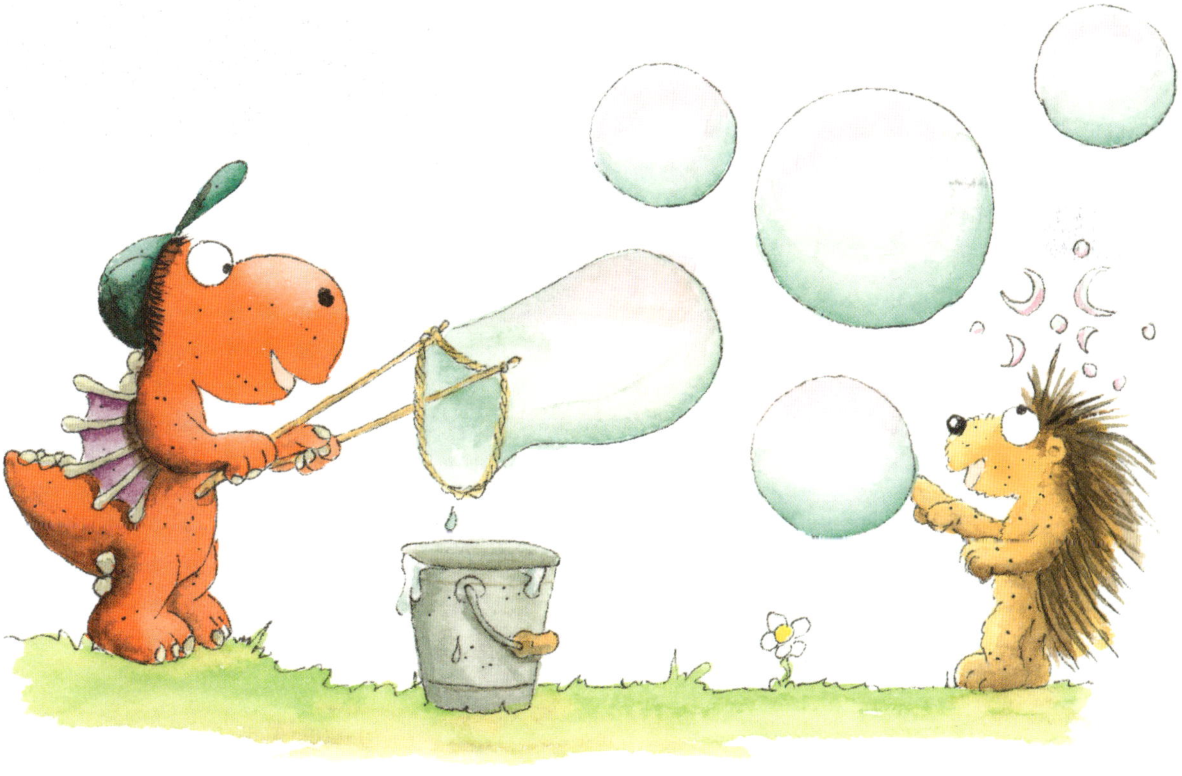

cbj

Inhalt

Über dieses Buch ... 7
Papier, das nicht nass werden kann ... 8
Ein Ballon, der sich selbst aufbläst ... 10
Selbst gemachte Seifenblasen und Seifenblasenstab ... 12
Der Mini-Tornado ... 14
Das verschwundene Wasser ... 16
Trockenes Wasser ... 18
Kokosnuss' „Lavalampe" ... 20
Unterwasser-Vulkan ... 22
Kältezauber ... 24
Matildas fruchtige Eiswürfel ... 26
Blubber gegen Kälte ... 28
Kristallblasen ... 30
Schattenmonster ... 32
Die verschwundene Münze ... 34
Der Regenbogen ... 36
„Knallerbsen" ... 38
Die schwebende Büroklammer ... 40
Holunders magischer Zauberstab ... 42
Hüpfende Körnchen ... 44

Wassermusik 46

Die Gummigitarre 48

Blitz 50

... und Donner 52

Das Kresse-Experiment 54

Der Backpulver-Vulkan 56

Zaubersand 58

Bunte Knetseife 60

a²+b²=c²
a²-b²=13

Über dieses Buch

Der kleine Feuerdrache Kokosnuss, das Stachelschwein Matilda und der Fressdrache Oskar sind extrem neugierig und gehen allen Dingen, die ihnen begegnen, auf den Grund. Sie möchten herausfinden, wie die Welt um sie herum funktioniert. Dabei gehen sie wie Detektive oder Wissenschaftler vor. Das bedeutet, dass sie viele Fragen stellen und besondere Phänomene beobachten. Dann stellen sie eine Vermutung an. Meist wird danach mit einem Experiment ausprobiert, ob die Idee oder die Vermutung richtig war.
Alle Experimente, Erfindungen und Basteleien in diesem Buch kannst du ganz leicht und mit wenigen Dingen, die du zu Hause hast, ausprobieren. Bei einigen Experimenten sollte dir ein Erwachsener helfen – aber das gemeinsame Experimentieren macht sowieso mehr Spaß als allein.

Papier, das nicht nass werden kann

„Ich kann Papier unter Wasser halten, ohne dass es nass wird“, behauptet Kokosnuss.

Oskar schüttelt den Kopf. „Das klappt doch nie und nimmer.“

Matilda nimmt ein Stück Papier und hält es ins Wasser. Als sie es wieder herauszieht, trieft es vor Nässe.

„Seht mal her“, sagt Kokosnuss. „Ich zeige euch was.“

Das brauchst du:

- eine tiefe Schüssel mit Wasser
- Toilettenpapier
- Klebeband
- einen Plastikbecher
- ein großes Handtuch

So geht's:

1. Breite das Handtuch auf dem Tisch aus.
2. Fülle die Schüssel mit Wasser. Aber bitte nicht bis zum Rand.
3. Rolle etwas Toilettenpapier zu einer Kugel.
4. Klebe die Kugel mit etwas Klebeband innen auf den Boden des Bechers.
5. Drehe den Becher um und drücke ihn senkrecht – mit dem Boden nach oben – in die Schüssel, bis er komplett mit Wasser bedeckt ist.
6. Nimm den Becher wieder heraus und sieh nach, ob die Kugel nass geworden ist. Sie wird trocken sein!

Und warum ist das so?

Im Becher befindet sich nicht nur die Kugel, sondern auch etwas, das unsichtbar ist: Luft. Wenn du den Becher mit dem Boden nach oben senkrecht in die Schüssel stellst, kann die Luft nicht entweichen.
Es ist also kein Platz für mehr Wasser im Becher, das die Papierkugel nass machen könnte. Deswegen bleibt das Papier trocken!

Ein Ballon, der sich selbst aufbläst

Kokosnuss und Matilda wollen die Drachenhöhle für Oskars Geburtstagsfeier schmücken und blasen dafür Luftballons auf.
Das ist ganz schön anstrengend!
„Es wäre doch toll, wenn sich die restlichen Ballons von selbst aufblasen würden", sagt Matilda. Und schon hat Kokosnuss eine Idee …

Das brauchst du:

- einen Beutel Trockenhefe
- lauwarmes Wasser
- einen schmalen, langstieligen Löffel
- zwei Löffel Zucker
- eine 1,5-Liter-Flasche
- ein Gummiband
- einen Luftballon

So geht's:

1. Fülle die Flasche zur Hälfte mit lauwarmem Wasser.
2. Gib den Zucker hinein und rühre mit dem Löffel gut um.
3. Nun füge die Hefe hinzu und rühre wieder um.
4. Stülpe den Ballon über die Flaschenöffnung.
5. Binde zur Sicherheit das Gummiband zusätzlich um Ballon und Flaschenhals.
6. Warte eine Stunde … Dann kannst du beobachten, wie der Ballon sich selbst aufbläst!

Und warum ist das so?

Hefe besteht aus winzigen Teilchen, die sich vom Zucker in der Flasche ernähren. Wenn die Hefe den Zucker nach einiger Zeit „aufgefressen" hat, entsteht ein Gas. Du kannst es bei genauem Hinsehen als kleine Gasbläschen erkennen. Das ist „Kohlendioxid". Das Gas steigt durch die Flasche nach oben – und bläst den Ballon auf.

Tipp:

Willst du deine Freunde mit einem „Zaubertrick" verblüffen? Dann beklebe die Flasche von außen mit buntem Papier oder Folie, sodass niemand ins Innere der Flasche sehen kann. Du gibst das Zuckerwasser hinein. Deinen Freunden zeigst du nur, wie du die Hefe hineinschüttest und umrührst und wie du den Ballon über die Flaschenöffnung stülpst. Nachdem ihr etwas anderes gespielt habt – sehen alle plötzlich überrascht, wie der Ballon von „Geisterhand" aufgeblasen wird.

Selbst gemachte Seifenblasen und Seifenblasenstab

Kokosnuss, Matilda und Oskar pusten wunderschöne Seifenblasen, die in allen Farben schillern, in die Luft. Wer macht die größte Seifenblase? Und welche Seifenblase schwebt wohl am längsten über die Dracheninsel, bevor sie zerplatzt?

Das brauchst du:

- einen großen Eimer
- einen gestrichenen Teelöffel Kleisterpulver (Baumarkt)
- 75 ml Neutralseife (Drogeriemarkt)
- 800 ml kaltes Wasser
- 100 ml lauwarmes Wasser
- 50 g Zucker
- zwei Holz- oder Bambusstäbe (Baumarkt)
- eine weiche, sehr saugfähige, nicht zu dünne Schnur

So geht's:

1. Verrühre das Kleisterpulver mit dem kalten Wasser, bis das Pulver sich richtig aufgelöst hat.
2. Gib dann die Neutralseife hinzu.
3. Löse den Zucker in einem anderen Behälter im lauwarmem Wasser auf.
4. Vermische beide Flüssigkeiten miteinander.
5. Befestige die Schnur als große Schlaufe an den Hölzern. Tauche die Schnur tief in die Flüssigkeit, ziehe sie an den Hölzern wieder heraus und puste oder halte deinen „Blasring“ vorsichtig in den Wind.

Und warum ist das so?

Seife besteht aus vielen kleinen Teilchen – den Tensiden –, die wir nicht sehen können. Sie drängen sich an die Grenzfläche zwischen Wasser und Luft und es entsteht eine Art „Seifenhaut". Wenn wir Luft in diese elastische Seifenhaut hineinblasen, formt sie sich zu einer Blase.

Tipp: Direktes Sonnenlicht lässt Seifenblasen schnell platzen. Besser klappt es, wenn der Himmel wolkig und die Luftfeuchtigkeit hoch ist. Außerdem ist es ein Vorteil, wenn man die Seifenblasenlösung am Abend vorher macht und sie über Nacht stehen lässt.

Der Mini-Tornado

„Was ist eigentlich ein Tornado?“, fragt Oskar seine Freunde.
Statt einer Antwort beginnt Matilda sich immer schneller um sich selbst zu drehen. Sie sieht aus wie eine Eiskunstläuferin, die eine Pirouette macht. Tornados gelten als die stärksten Winde der Welt – wie gut, dass es auf der Dracheninsel meist windstill ist.

Das brauchst du:

- eine drehbare Kuchenplatte
- ein Glas
- doppelseitiges Klebeband
- eine Schere
- Mineralwasser mit Kohlensäure
- Salz

So geht's:

1. Klebe das Glas mit doppelseitigem Klebeband in der Mitte der drehbaren Kuchenplatte fest.
2. Fülle das Mineralwasser in das Glas.
3. Drehe die Kuchenplatte und lasse dabei Salz ins Wasser fallen:
   Das Salz zieht sich wie ein Rüssel von unten nach oben durchs Wasser.

Und warum ist das so?

Wenn sich das Salz in der Kohlensäure löst, entsteht das Gas Kohlendioxid. In Form der Gasbläschen steigt es wie eine Art Rüssel im Wasser auf – und sieht aus wie ein Tornado am Himmel.
Wie in dem Experiment steigt bei einem echten Tornado unter einer Gewitterwolke warme Luft in spiralförmigen Drehbewegungen nach oben. Dann wird an der Unterseite der Wolke durch Wasserdampf eine Art Schlauch sichtbar, der zur Erde führt. Und wenn dieser Luftschlauch den Boden berührt, saugt er alles in die Höhe, was ihm in den Weg kommt.

Das verschwundene Wasser

Kokosnuss, Matilda und Oskar liegen am Strand der Dracheninsel in der prallen Sonne. „Puh", sagt Kokosnuss, „ich muss mal in den Schatten, sonst trockne ich hier noch komplett aus."
Oskar blinzelt gegen die Sonne. „Was ist damit eigentlich gemeint?"

Das brauchst du:

- zwei gleich große Marmeladengläser
- einen passenden Deckel für ein Glas
- Wasser

So geht's:

1. Fülle in beide Gläser gleich viel Wasser.
2. Schraube ein Glas mit dem Deckel zu.
3. Lass beide Gläser einen Tag und eine Nacht an einem warmen Platz auf deinem Fensterbrett stehen. Danach befindet sich in dem verschlossenen Glas mehr Wasser als in dem geöffneten.

Und warum ist das so?

Wasser besteht aus vielen kleinen Teilchen – den Molekülen –, die wir nicht sehen können. Durch Erwärmung werden sie in Bewegung versetzt. Je mehr sie sich bewegen, desto mehr Platz brauchen sie. Aus dem verschlossenen Glas können sie nicht heraus. Im offenen Glas aber kann ein Teil der Moleküle als Wasserdampf in die Luft verdunsten.

Tipp: Wenn du in der Sonne sitzt oder dich beim Radfahren anstrengst, beginnst du zu schwitzen. Auf der Haut bildet sich Schweiß. Wenn dieses Wasser dann verdunstet, wird der Körper gekühlt. Damit der Körper wieder Wasser-Nachschub bekommt, müssen wir nach dem Sonnenbaden oder dem Sport besonders viel trinken.

Wasser gibt es in drei Formen, die „Aggregatszustände“ heißen:

Wenn es sehr kalt ist, ist Wasser Eis, also fest.

Wenn es ein bisschen wärmer ist, ist Wasser flüssig.

Wenn es richtig heiß ist, ist Wasser gasförmig und verdampft.

Trockenes Wasser

„Was soll das denn sein?“, fragt Oskar. „Wasser ist nass und basta!“ Trotzdem ist es möglich, den Finger in Wasser einzutauchen, ohne nass zu werden. Matilda zeigt Kokosnuss und Oskar, wie das geht.

Das brauchst du:

- ein Glas
- gemahlenen Pfeffer
- einen Krug mit Wasser
- einen Teelöffel

So geht's:

1. Fülle das Glas mit Wasser.
2. Streue vorsichtig vier bis fünf Teelöffel gemahlenen Pfeffer auf die Wasseroberfläche. Währenddessen und danach solltest du das Glas nicht bewegen.
3. Tauche jetzt einen Finger langsam ein kleines Stück ins Wasser und ziehe ihn dann sofort wieder heraus. Erstaunlich: Der Finger ist trocken!

Und warum ist das so?

Die kleinsten Wasserteilchen – die Wassermoleküle – ziehen sich gegenseitig an. An der Wasseroberfläche werden sie nach unten in Richtung Wasser gezogen, aber nicht nach oben. Dadurch entsteht eine hauchdünne elastische Haut, die „Oberflächenspannung“ genannt wird. Der Pfeffer verstärkt diese – und dein Finger bleibt trocken.
Ein Wasserläufer kann auf der „Wasserhaut“ über ein Gewässer flitzen.

Kokosnuss' „Lavalampe“

Kokosnuss betrachtet fasziniert die Lavalampe, die sich Opa Jörgen in seiner Jugend gekauft hat. Langsam steigen die bunten Blasen in einer Flüssigkeit nach oben, verformen sich, wandern wieder nach unten, bevor sie sich erneut auf den Weg nach oben machen … Kokosnuss hätte so gern eine eigene Lavalampe für sein Zimmer und sucht nach einer Bastelanleitung dafür.

Das brauchst du:

- eine schöne Glasflasche
- Pflanzenöl
- Wasser
- Lebensmittelfarbe
- einen halben Spülmaschinen-Tab

So geht's:

1. Fülle die Flasche zur Hälfte mit Pflanzenöl.
2. Jetzt füllst du mit Wasser auf. Das Wasser „schiebt“ sich unter das Öl.
3. Gib etwas Lebensmittelfarbe hinzu. Sie sinkt durch das Öl und mischt sich mit dem Wasser.
4. Nimm einen halben Spülmaschinen-Reinigungs-Tab und gib ihn in die Flasche. Er sinkt ebenfalls durchs Öl, kommt unten beim farbigen Wasser an und beginnt zu sprudeln.
5. Jetzt ist deine Lavalampe fertig. Bunte Blasen wandern nach oben und dann wieder nach unten.
6. Wenn der Tab sich aufgelöst hat, kannst du weitere Tab-Hälften nehmen – so oft du darfst und Lust hast.

Und warum ist das so?

Öl und Wasser vermischen sich nicht. Das Pflanzenöl schwimmt immer oben, da es „leichter“ ist als Wasser. Es hat eine geringere Dichte.
Egal, wie sehr du rührst, das Öl bleibt immer oben. Wasser hingegen hat eine hohe Dichte und ist „schwer“. Es sinkt sofort durch das Öl nach unten.
Die Tabs bilden bei der Auflösung Kohlendioxid-Bläschen.
Diese Gasbläschen steigen nach oben und ziehen farbige Wasserblasen mit sich. Wenn die Gasbläschen oben geplatzt sind, sinken die Wasserblasen wieder ab.

5.

Unterwasser-Vulkan

Kokosnuss und seine Freunde finden Vulkane, die glühend heiße Lava spucken, spannend und aufregend. Hier zeigen die Freunde von der Dracheninsel, wie man seinen eigenen Unterwasser-Vulkan basteln kann. Der ist ebenso spektakulär, aber überhaupt nicht gefährlich.

Das brauchst du:

- ein tiefes durchsichtiges Gefäß (Glasschüssel oder leeres Aquarium)
- eine Glasflasche mit kleiner Öffnung
- kleine Steinchen oder Murmeln
- eine kleine Flasche flüssige rote Lebensmittelfarbe oder Tinte
- einen Trichter
- heißes und kaltes Wasser

So geht's:

1. Fülle das kalte Wasser in die Glasschüssel oder das Aquarium.
2. Gib ein paar kleine Steinchen oder Murmeln in die Glasflasche, um sie zu beschweren und standfest zu machen.
3. Stecke den Trichter in die Glasflasche und fülle die Lebensmittelfarbe oder die Tinte ein.
4. Gieße die Flasche randvoll mit heißem Wasser.
5. Stelle die Glasflasche in das kalte Wasser. Das heiße rote Wasser steigt auf und verteilt sich wie die Lava eines Vulkans!

2.

3.

Und warum ist das so?

Die winzigen Wassermoleküle im heißen Wasser springen blitzschnell hin und her und brauchen dadurch mehr Platz als die kleinen Teilchen im kalten Wasser, die dicht beieinanderstehen. Deshalb steigt das heiße Wasser schnell nach oben. Sehen kann man das nur wegen der Farbe.

4.

Kältezauber

„Brrr, ist das kalt!“, sagt Oskar und zittert am ganzen Körper. Er ist gerade aus dem Bett gekrochen.

„Also, ich finde es heute ziemlich warm“, antwortet Matilda und macht eine letzte Kniebeuge. Sie hat schon einen Strandlauf und Gymnastik gemacht.

Das brauchst du:

- drei Schüsseln
- kaltes, warmes und lauwarmes Wasser

So geht's:

1. Fülle eine Schüssel mit dem kalten, eine mit dem lauwarmen und eine mit dem warmen Wasser.
2. Tauche deine linke Hand eine Minute in das kalte, deine rechte Hand gleichzeitig in das warme Wasser.
3. Tauche dann beide Hände in die Schüssel mit dem lauwarmen Wasser. Was passiert?
4. Deine linke, kalte Hand findet es in der Schüssel angenehm warm – die ausgekühlten Finger nehmen die Wärme des Wassers auf. Deine rechte Hand ist aufgewärmt und gibt Wärme ab. Für sie fühlt sich das Wasser eher kalt an.

2.

3.

Und warum ist das so?

Der menschliche Körper kann Temperaturen nicht messen wie ein Thermometer. Es kommt immer darauf an, welche Temperatur du vorher „erlebt“ hast. Kommst du verschwitzt vom Sport, findest du ein kühles Zimmer eher warm. Hast du gerade dein kuschelig-warmes Bett verlassen, empfindest du das gleiche kühle Zimmer als kalt. Unser Körper reagiert stark auf Veränderungen. Bleibt eine Weile alles, wie es ist, gewöhnen wir uns daran. Bei der Wettervorhersage unterscheidet man oft die tatsächliche und „gefühlte“ Temperatur.

Matildas fruchtige Eiswürfel

Kokosnuss und Oskar sitzen am Strand in der Sonne.
„Ich brauche dringend eine Erfrischung“, sagt Oskar.
„Ist schon unterwegs!“, ruft Matilda und serviert ihren Freunden ein Mineralwasser mit ihren herrlich frischen Fruchteiswürfeln.

Das brauchst du:

- eine Eiswürfelform
- ein Eisfach im Kühlschrank oder Gefrierschrank
- kaltes Wasser
- jede Menge leckere Früchte

So geht's:

1. Wasche die Früchte und schneide sie in Stückchen.
2. Lege je ein Fruchtstückchen in ein Fach der Eiswürfelform und fülle das Fach mit kaltem Mineralwasser auf.
3. Und dann ab in das Eisfach oder den Gefrierschrank damit!
4. Nach ein paar Stunden kannst du deine fruchtigen Eiswürfel in einem kühlen Getränk servieren.

Und warum ist das so?

Du weißt schon, dass die Wassermoleküle im heißen Wasser umhertoben und sich im kalten Wasser weniger bewegen. Wird die Temperatur noch kälter, wird es auch den Molekülen „kalt“. Sie klammern sich fest aneinander – und das Wasser gefriert.

Tipp: Probiere das Ganze mal mit Brause, die du vorher in Gläsern auflöst und dann in der Eiswürfelform einfrierst. Diese leckeren Eiswürfel kannst du dir an heißen Tagen auf der Zunge zergehen lassen oder in dein Getränk werfen, um es zu kühlen.

Blubber gegen Kälte

Kokosnuss, Oskar und Matilda beobachten die Seehunde und Robben, die vergnügt durchs Wasser toben und zwischen den Eisschollen herumtauchen.
„Brrrr … das Wasser muss hier eiskalt sein! Warum frieren die eigentlich nicht?“, fragen sich die dick eingemummelten Freunde.

Das brauchst du:

- zwei Schüsseln
- eiskaltes Wasser
- Eiswürfel
- Fettcreme
- ein Handtuch
- eine Küchenrolle
- eine Helferin oder einen Helfer

So geht's:

1. Fülle zwei Schüsseln mit dem eiskalten Wasser und den Eiswürfeln.
2. Lass dir nun von deiner Helferin oder deinem Helfer eine Hand ganz dick mit Fettcreme einschmieren. Vergiss auch die Zwischenräume zwischen den Fingern nicht.
3. Halte beide Hände gleichzeitig in das eisige Wasser – schon nach kurzer Zeit wird die Hand ohne Creme eiskalt, die andere bleibt warm.
4. Nach zehn Sekunden ziehst du die Hände wieder heraus.
5. Trockne die eingecremte Hand sorgfältig mit der Küchenrolle ab, die andere mit dem Handtuch.

Und warum ist das so?

Fett schützt vor Kälte. Deshalb fressen sich manche Tiere vor dem Winter eine Fettschicht an. Robben, Wale und Delfine haben gegen das eiskalte Wasser, in dem sie leben, von Natur aus eine mehrere Zentimeter dicke Fettschicht unter der Haut. Sie heißt „Blubber".

Kristallblasen

Kokosnuss und seine Freunde stürmen nach draußen: Ausnahmsweise schneit es auf der Dracheninsel! Dicke Schneeflocken fallen sanft vom Himmel. Und an den Zweigen der Palmen haben sich wunderschöne Eiskristalle gebildet. Schnell holt Kokosnuss seine Seifenblasen …
Er hat eine tolle Idee!

Das brauchst du:

- die Seifenblasenflüssigkeit von Seite 10/11
- einen Plastik-Blasring für Seifenblasen
- knackig kalte Außen-temperaturen (deutlich unter 0 Grad)

So geht's:

1. Stelle die Seifenblasenflüssigkeit für eine Viertelstunde ins Gefrierfach.
2. Suche dir einen ebenen, gefrorenen Untergrund, auf dem ein bisschen Schnee liegt.
3. Puste die Seifenblase vorsichtig darauf. Es entsteht langsam ein Kristallmuster in der Blase.

Und warum ist das so?

Wenn es kalt ist, gefrieren an den Wolken kleine Wassertropfen und werden zu Schneeflocken. Sie sehen weiß aus, weil das Wasser zu kleinen Eisplättchen gefroren ist – das sind Eiskristalle. Im Schnee sind sie winzig. Jeder Eiskristall hat sechs Seiten und sechs Spitzen wie ein sechseckiger Stern!

Wenn eine Seifenblase in die Kälte kommt, gefriert durch „Kristallisation" die dünne Seifenhaut der Blase.

Schattenmonster

„Uah!“, ruft Oskar erschrocken und reißt die Augen auf. „Ein Monster!“ Kokosnuss und Matilda kommen kichernd hinter dem Vorhang hervor. Sie haben mit ihren Umrissen und einer starken Lampe ein gruseliges Schattenmonster gemacht.

Das brauchst du:

- eine Taschenlampe
- einen abgedunkelten Raum
- eine weiße Wand
- verschiedene Alltagsgegenstände (Wäscheklammern, Flaschen, Scheren, Klorollen, Tassen …)

So geht's:

1. Staple die Gegenstände oder stelle sie dicht nebeneinander oder halte Dinge in der Hand oder lege sie auf deinen Kopf – wie du Lust hast.
2. Strahle dein „Bauwerk“ von hinten mit der Taschenlampe an – und ein Schattenmonster erscheint an der Wand.

Und warum ist das so?

Die Gegenstände schirmen das Licht der Taschenlampe ab. Deswegen erscheint hinter ihnen auf der Wand 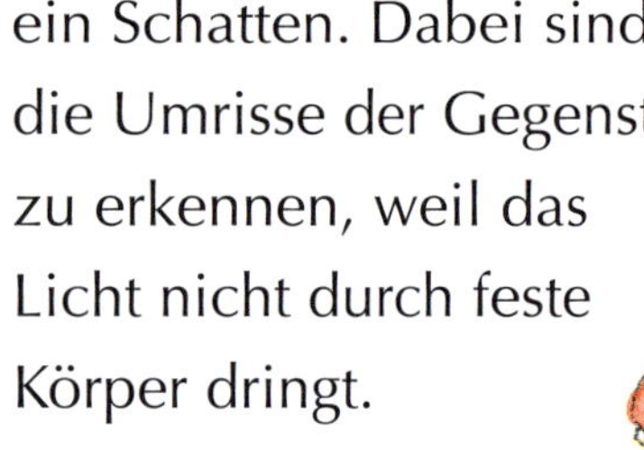
ein Schatten. Dabei sind nur die Umrisse der Gegenstände zu erkennen, weil das Licht nicht durch feste Körper dringt.

Tipp: Probiere aus, wie der Schatten aussieht, wenn du durchsichtige, bunte Gegenstände nimmst und sie anleuchtest. Oder wenn du mit deiner Hand Bewegungen machst. Mit mehreren Schattenmonstern kannst du dir ein Schattentheater ausdenken.

Die verschwundene Münze

„Wetten, dass ich ein Geldstück unsichtbar machen kann?“, sagt Oskar zu Matilda und Kokosnuss. Gespannt schauen ihn der kleine Drache und das Stachelschwein an. Ob Oskar wirklich eine Münze verschwinden lassen kann? Natürlich kann er das … und du kannst es auch!

Das brauchst du:

- ein Geldstück
- ein Glas
- Wasser

So geht's:

1. Setze dich an einen Tisch und lege eine Münze darauf. Die Münze sollte etwa eine Armlänge von dir entfernt liegen.
2. Stelle das Glas auf die Münze. Wenn du jetzt von der Seite auf den Boden des Glases schaust, ist die Münze zu sehen.
3. Fülle das Glas bis zum Rand mit Wasser.
4. Schaue noch einmal von der Seite aufs Glas. Die Münze ist nicht mehr zu sehen!

Und warum ist das so?

Hier treffen verschiedene Dinge aufeinander: Wasser, Licht und Glas. Dabei ist das Wasser für das Licht ein „Hindernis“. Das Licht dringt durch das Wasser nur teilweise hindurch, wird aber dabei „abgelenkt“. Es fällt flacher auf den Glasboden – und wird von der Münze so reflektiert, also zurückgeworfen, dass diese nicht mehr zu erkennen ist.

Der Regenbogen

Kokosnuss liebt es, wenn Regen und Sonne einen bunten Regenbogen an den Himmel zaubern. Diesen tollen Regenbogen kannst du selber machen!

Das brauchst du:

- eine größere Glasschale
- Wasser
- einen Taschenspiegel, der in die Schale passt
- etwas Knete
- kräftige Sonnenstrahlen

So geht's:

1. Fülle die Glasschale mit Wasser.
2. Stelle den Spiegel schräg in die Schale. Falls nötig, kannst du den Spiegel mit etwas Knete am Rand der Schale befestigen.
   Achtung, der Spiegel muss vom Wasser bedeckt sein!

3. Drehe die Schale jetzt so, dass Sonnenstrahlen darauf scheinen. Jetzt müsstest du am gegenüberliegenden Rand der Schüssel einen Regenbogen sehen können.

Und warum ist das so?

Im weißen Licht sind alle Farben enthalten. Wenn das Wasser das weiße Licht teilt oder „bricht“, sind alle Farben des Regenbogens zu sehen.
Bei schlechtem Wetter kannst du auch mit einer starken Taschenlampe auf den Spiegel leuchten.

„Knallerbsen“

Erbsen gehören zu Kokosnuss’ Lieblingsgemüse: Sie sind rund, gesund, knallgrün und ziemlich lecker. Außerdem steckt in Erbsen erstaunlich viel Kraft …

Das brauchst du:

- eine alte Schale
- Wasser
- Gips oder Moltofill (Spachtelmasse)
- eine Handvoll ungekochte Erbsen
- einen Teller

So geht’s:

1. Rühre mit etwas Wasser den Gips oder Moltofill in der Schale zu einer zähen Masse an. Lass dir dabei am besten von einem Erwachsenen helfen.
2. Knete in den Klumpen die ungekochten Erbsen und lege den Klumpen dann auf den Teller. Streiche die Oberfläche der Masse schön glatt.
3. Dann wasche dir gründlich die Hände.
4. Lass den Klumpen einen Tag auf dem Teller liegen. Du wirst ganz viele Risse im Gips entdecken.

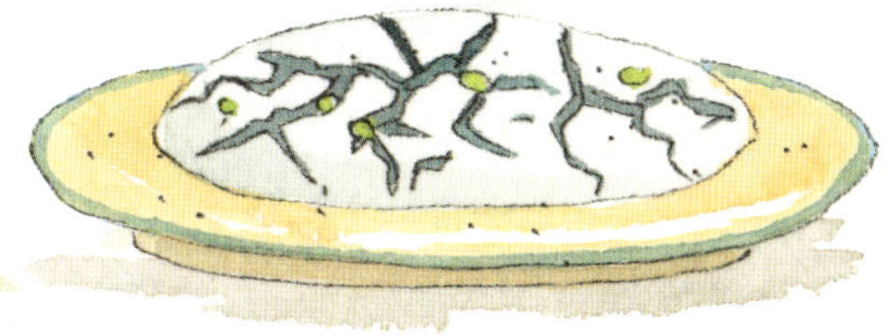

Und warum ist das so?

Die kleinen Erbsen quellen durch das Wasser auf – und dadurch entwickeln sie eine solche Kraft, dass sie sogar Gips sprengen können!

Tipp: Wenn du keine Gipsmasse zu Hause hast, kannst du die Erbsen auch in ein Glas geben und dann das Glas mit Wasser füllen. Die Erbsen saugen sich mit Wasser voll und brauchen deswegen mehr Platz … Schon bald fallen die Erbsen mit lustigen Klack-Geräuschen über den Rand des Glases auf den Tisch.

Die schwebende Büroklammer

Kokosnuss und seine Freunde waren schon am Nordpol bei den Eisbären und haben mit den Pinguinen den Weihnachtsmann am Südpol besucht. Wusstest du, dass beide Pole magnetisch sind?

Das brauchst du:

- ein Glas
- eine Büroklammer aus Metall
- Wasser
- einen Stabmagneten

So geht's:

1. Fülle ein Glas zur Hälfte mit Wasser.
2. Wirf eine Büroklammer aus Metall hinein, die sofort untergeht.
3. Fahre mit dem Stabmagneten von außen am Glas entlang, ohne es zu berühren. Die Büroklammer bewegt sich und wird trotz Wasser und Glas nach oben gezogen.

Und warum ist das so?

Ein Magnet zieht andere Dinge mit magnetischen Eigenschaften an. Die Büroklammer ist aus Metall und deswegen magnetisch. Mithilfe des Magneten kann sie im Wasser schweben.

Tipp: Magnete sind besonders dadurch, dass sie sich gegenseitig anziehen oder abstoßen. Jeder Magnet hat zwei Pole, den Nordpol und den Südpol. Ein Südpol zieht einen Nordpol an – aber zwei Südpole oder zwei Nordpole stoßen sich ab.

Holunders magischer Zauberstab

Kokosnuss' Freund, der große Zauberer Holunder aus dem Flaschenland, hat dem kleinen Drachen und seinen Freunden tolle Zaubertricks beigebracht. Aber jeder Magier braucht für seine Tricks auch einen Zauberstab …

Das brauchst du:

- einen Ringmagneten (Baumarkt, ca. 12 bis 20 mm Durchmesser)
- einen runden Holzstab
- Klebeband
- Dinge zum Verzieren

So geht's:

1. Nimm den Magneten und befestige ihn mit dem Klebeband am Ende des Holzstabs.
2. Dann verzierst du deinen Zauberstab mit Glitzerfolie, Aufklebern, Federn und was dir sonst noch so einfällt. Versuche dabei, den Magneten unter der Dekoration zu „verstecken".

3. Abrakadabra, dreimal schwarzer Kater: Suche dir nun magnetische Gegenstände und nimm sie mit dem Zauberstab hoch. Klappt es bei allen Dingen?

Und warum ist das so?

Magnete ziehen nur bestimmte Sachen an. Diese Dinge sind aus Eisen, Stahl, Nickel oder Kobalt. Auch manche Geldmünzen sind magnetisch. Es gibt aber auch Münzen aus Kupfer. Sie werden – genauso wie zum Beispiel Holz, Papier, Gummi – nicht angezogen, sind also nicht magnetisch.

Hüpfende Körnchen

Kokosnuss, Matilda und Oskar sitzen am Strand und schauen den Wellen zu.
„Wusstet ihr, dass der Schall, den wir hören, sich auch in Wellen bewegt und dann auf unsere Ohren trifft?", fragt Matilda. „Nur, dass die Schallwellen unsichtbar sind."

Das brauchst du:

- eine Schale
- Frischhaltefolie
- Vogel- oder Sandkastensand
- einen Topfdeckel
- einen Kochlöffel

So geht's:

1. Spanne ein Stück Frischhaltefolie straff über die Schale.
2. Streue etwas Sand auf die Folie.
3. Halte einen Topfdeckel dicht an die Schale.
   Schlage mit dem Kochlöffel gegen den Topfdeckel …
   Die Sandkörnchen werden auf und ab hüpfen, obwohl du sie gar nicht berührst!

Und warum ist das so?

Der Topfdeckel gerät durch die Schläge mit dem Kochlöffel in Schwingung. So entstehen „Schallwellen" – das sind unsichtbare Wellen in der Luft. Und der Schall überträgt sich durch die Luft auf die Sandkörner und bringt sie in Bewegung.

Tipp: Als „Schall" bezeichnen wir alles, was wir mit den Ohren hören können. Schall kommt immer von einer „Quelle". Das kann Musik oder eine Stimme sein, aber auch Vogelgezwitscher oder ein vorbeifahrendes Auto.

Wassermusik

Die Bewohner der Dracheninsel lieben es, zu singen und zu tanzen und Musik zu machen. Doch nicht immer haben sie ihre Instrumente dabei. Zum Glück kann man auch aus Alltagsgegenständen ganz schnell die tollsten Instrumente selbst basteln!

Das brauchst du:

- einen Messbecher
- einige gleich große Gläser
- einen Löffel
- Wasser

So geht's:

1. Stelle die Gläser in einer Reihe nebeneinander auf.
2. Fülle sie mithilfe des Messbechers von links nach rechts mit unterschiedlich viel Wasser. Gib in das erste Glas viel Wasser, in das zweite etwas weniger und so weiter. Das letzte Glas lässt du leer.

3. Schlage mit dem Löffel vorsichtig gegen die Gläser. Jedes Glas klingt anders! So kannst du toll Musik machen.

Und warum ist das so?

Wenn du gegen die Gläser schlägst, geraten sie in „Schwingung“. Das Wasser jedoch „bremst“ die Schwingung. Je mehr Wasser also in einem Glas ist, desto weniger kann das Glas in Schwingung geraten: Bei vollen Gläsern ist der Ton tiefer, bei leereren höher.

Die Gummigitarre

Oskar hat sich selbst eine Gitarre gebastelt und zupft wild an den Saiten. Das klingt toll! Kokosnuss und Matilda tanzen dazu.

Das brauchst du:

- eine leere Eispackung aus Plastik mit Deckel
- verschieden dicke Gummiringe
- zwei Buntstifte
- Bastel- oder Fingerfarbe
- mehrere Pinsel
- eine spitze Schere oder ein Messer
- die Hilfe eines Erwachsenen

So geht's:

1. Lass dir von einem Erwachsenen ein rundes Loch in den Deckel einer ausgewaschenen Eispackung aus Plastik schneiden.
2. Male Packung und Deckel mit den Farben so an, wie es dir gefällt. Lass alles gut trocknen.
3. Setze den Deckel auf die Plastikschachtel. Ziehe die Gummiringe über die Schachtel. Falls einer zu locker sitzt, mach einen Knoten hinein.
4. Drehe die Knoten nach unten, sodass man sie nicht mehr sehen kann.
5. Schiebe an jeder Seite der Schachtel einen Buntstift unter die Gummiringe. Der Gummi darf nicht direkt auf dem Deckel aufliegen. Fertig ist deine eigene Gitarre!

Und warum ist das so?

Wenn die Saite einer Gitarre gezupft wird, versetzt sie die Luft in Schwingung. Diese Schwingungen breiten sich in jede Richtung aus – wie die Wellen um einen Stein, der ins Wasser fällt – und erzeugen Töne.

Blitz …

Es ist stockdunkel geworden. Ein Gewitter tobt über der Dracheninsel. Ein Glück, dass Kokosnuss und seine Freunde sicher und trocken in der gemütlichen Höhle sitzen und von drinnen zusehen, wie draußen Blitze zucken.

Das brauchst du:

- einen Luftballon
- einen Löffel aus Edelstahl
- einen Wollpullover

So geht's:

1. Blase einen Luftballon auf und lass ihn dir von einem Erwachsenen zuknoten.
2. Nimm den Löffel in die eine, den Luftballon in die andere Hand.
3. Reibe den Luftballon an einem Wollpullover.
4. Wenn du den Löffelstiel jetzt dem Luftballon näherst, hörst du ein Knistern.
5. Gehe in einen dunklen Raum. Wenn du das Experiment jetzt wiederholst, kannst du kleine gezackte Blitze sehen!

Und warum ist das so?

Beim Reiben am Pullover lädt sich der Luftballon auf – er nimmt „Elektronen“ aus der Wolle auf. Wenn du den Löffelstiel dem Ballon näherst, fließen die Elektronen ganz schnell zum Löffel. Sie sausen durch die Luft und erhitzen sie dabei so stark, dass sie anfängt zu leuchten. Deshalb siehst du kleine Blitze. Gleichzeitig dehnt sich die erwärmte Luft blitzschnell aus. Wie bei einer Mini-Explosion entsteht dadurch ein Geräusch.

Tipp: Warte ein paar Minuten, bis sich deine Augen in dem Zimmer an die Dunkelheit gewöhnt haben, dann kannst du die Blitze besser sehen.

… und Donner

Was für ein Knall am Himmel! Kokosnuss und seine Freunde halten sich kurz die Ohren zu – und da ist es auch schon wieder vorbei. Das war aber ein besonders lauter Donner!

Das brauchst du:

- einen Luftballon
- zwei bis drei Esslöffel Mehl
- einen Trichter
- eine Stecknadel
- einen langen Flur
- etwas Folie für den Boden
- eine Schürze
- die Hilfe eines Erwachsenen

So geht's:

1. Fülle mit dem Trichter das Mehl in den Luftballon.
2. Puste den Ballon vorsichtig auf und lass ihn dir von einem Erwachsenen zuknoten.
3. Ziehe die Schürze über deine Kleidung.

4. Lege in dem Flur etwas Folie auf den Boden, um nicht zu viel schmutzig zu machen. Dann stelle dich in den Flur.
5. Steche mit der Nadel in den Ballon. Was passiert? Ein Beobachter am anderen Ende des Flurs sieht eine Mehlwolke – und hört erst danach den Knall!

Und warum ist das so?

Bei einem Gewitter siehst du immer erst den Blitz und hörst Sekunden später den Donner. Das liegt daran, dass das Licht sich schneller durch die Luft bewegt als der Schall. Dieses Phänomen kannst du durch das Mehlexperiment sehr gut sichtbar machen.

Das Kresse-Experiment

Kokosnuss, Matilda und Oskar wandern durch den Dschungel. Wie grün es hier ist! Überall sprießen und wachsen Pflanzen in den tollsten Grüntönen und verschiedensten Formen. Was braucht eine Pflanze eigentlich zum Wachsen?

Das brauchst du:

- vier leere Schälchen
- einen Beutel Kresse-Samen
- Watte
- Wasser
- etwas Erde
- zwei Pappkartonscheiben zum Abdecken
- Papier und Stifte

So geht's:

1. Fülle drei Schälchen mit Erde und eines mit Watte.
2. Streue in alle vier Schälchen einige Kresse-Samen.
3. Schreibe kleine Schildchen für die Schälchen: Eine Schale bekommt Erde, Wasser und Licht. Eine ist ohne Erde (Watte), eine Schale bekommt kein Licht und eine Schale bekommt kein Wasser.
4. Lege auf die Schalen, die kein Licht bekommen sollen, jeweils einen Pappkarton.
5. Stelle alle vier Schälchen an einen sonnigen und hellen Platz.
6. Schon nach zwei Tagen siehst du, was passiert: Die Kresse wächst auf der Watte und in der Erde. Sie bahnt sich sogar ihren Weg zum Licht und schiebt den Deckel weg. Nur bei dem Schälchen ohne Wasser passiert nichts.

Und warum ist das so?

Ohne Wasser kann die Kresse nicht wachsen – sie braucht Feuchtigkeit, aber auch Luft und Licht. Eigentlich brauchen Pflanzen auch Erde, um daraus Nährstoffe ziehen und wachsen zu können. Kresse schafft das aber auch ohne Erde, weil in den Samen bereits ein kleiner Vorrat an Nährstoffen vorhanden ist, von dem sie sich selbst ernähren kann.

Tipp: Schneide die Kresse ab und streue sie auf ein Brot mit Quark oder Frischkäse – hmmm, lecker!

Der Backpulver-Vulkan

Erst blubbert und zischt es – und dann spuckt ein Vulkan Feuer! Zum Glück sind alle Vulkane auf der Dracheninsel erloschen, auch der berühmte Gugelhupf. Aber du kannst dir deinen eigenen Vulkan ganz ohne Feuer bauen, der wunderbar blubbert, zischt und Lava speit.

Das brauchst du:

- zwei Gläser
- einen Teller
- doppelseitiges Klebeband
- Alufolie
- eine Schere
- ein altes Tischset oder ein Tablett
- zwei bis drei Päckchen Backpulver
- Spülmittel
- ein halbes Glas Essigessenz
- ein halbes Glas Wasser
- rote Lebensmittelfarbe

So geht's:

1. Klebe ein Glas mittig auf einem Teller mit dem doppelseitigen Klebeband fest, damit es nicht verrutscht.
2. Umwickle den Teller und das Glas mit Alufolie, bis das Ganze wie ein Vulkan aussieht.
3. Schneide mit der Schere über dem Glas vorsichtig ein kleines Loch in die Alufolie. Das ist der Vulkankrater.
4. Gib das Backpulver in das Glas und stelle den Vulkan auf ein Set oder ein Tablett.
5. Mische Wasser, Essig und Lebensmittelfarbe in dem zweiten Glas. Gib dann einen Spritzer Spülmittel hinzu.
6. Gieße das Gemisch in den Vulkan – und schon beginnt er zu brodeln und zu zischen …

Und warum ist das so?

Im Backpulver ist ein Salz, das „Natron" heißt. Es bildet zusammen mit der Säure des Essigs ein Gas, das Kohlendioxid heißt. Das Sprudelgas dehnt sich aus und bringt das Spülmittel zum Schäumen. Und dem ganzen Gemisch wird es im Kraterglas schnell zu eng, sodass es oben herausquillt.

Tipp: So ähnlich ist es bei einem echten Vulkan: Aus ihm bricht geschmolzenes Gestein aus dem Inneren der Erde an die Oberfläche – es braucht mehr Platz, dehnt sich aus und schießt schließlich nach oben ins Freie.

Zaubersand

Kokosnuss, Matilda und Oskar lieben es, am Strand der Dracheninsel im Sand zu spielen! Wenn es aber um dich herum mal keinen Sand gibt, kannst du dir ganz schnell selbst Zaubersand machen, mit dem man auch tolle Dinge formen kann.

Das brauchst du:

- 960 g Mehl
- 120 ml Sonnenblumenöl oder Babyöl
- etwas flüssige Lebensmittelfarbe, wenn dein Sand bunt sein soll
- eine sehr große Schüssel oder ein tiefes Backblech
- eine Unterlage zum Spielen

So geht's:

1. Gib das Mehl und das Öl in eine große Schüssel oder auf ein tiefes Backblech.
2. Verknete die Zutaten zu einer ordentlichen Masse. Falls das Ganze zu fest ist, gib etwas Öl hinzu. Falls die Masse zu dünn ist, füge Mehl hinzu.
3. Wenn du farbigen Zaubersand haben möchtest, gib flüssige Lebensmittelfarbe dazu.
4. Verknete noch einmal alles ordentlich miteinander – und schon ist der Zaubersand fertig!

Tipp 1: Je mehr Lebensmittelfarbe du in die Mischung gibst, desto intensiver wird die Farbe des Sands.

Tipp 2: Mit dem Zaubersand solltest du nur auf einer Unterlage spielen, die schmutzig werden darf, damit der Rest der Wohnung sauber bleibt. Oder du spielst gleich draußen mit deinem Zaubersand. Wenn du ihn nicht mehr brauchst, entsorge ihn am besten im Bio- oder Hausmüll.

Bunte Knetseife

Heute freut sich Kokosnuss ganz besonders auf die Badewanne: Er hat von Oskar und Matilda knallbunte und herrlich duftende Seife geschenkt bekommen. Die haben seine Freunde selbst gemacht. Hast du auch Lust, dir deine eigene Seife zu kneten?

Das brauchst du:

- 100 g Speisestärke
- 50 ml Duschgel
- Lebensmittelfarbe (mehrere Farben)
- Ausstechförmchen
- ein Nudelholz
- mehrere Schüsseln
- Schraubgläser zum Aufbewahren der Seifen

So geht's:

1. Mische die Speisestärke mit dem Duschgel, bis eine knetartige Masse entstanden ist. Dazu am besten abwechselnd Speisestärke und Duschgel untermengen. Achte darauf, dass du ungefähr doppelt so viel Speisestärke wie Duschgel nimmst.
2. Sobald die Masse sich wie Knete anfühlt, teilst du sie auf verschiedene Schüsseln auf und färbst den Inhalt jeder Schüssel mit einer anderen Lebensmittelfarbe.
3. Verrühre alles gut miteinander und forme runde Kugeln aus der Knete. Wenn du magst, kannst du nun direkt mit den Kugeln in die Wanne gehen und sie dort weiter kneten, formen, ziehen, rollen …
4. Wenn du die Knete aufbewahren oder verschenken willst: Bestreue deine Arbeitsplatte mit etwas Speisestärke und lege die Kugeln darauf.
5. Rolle die Kugeln mit dem Nudelholz wie beim Plätzchenbacken schön flach und steche sie mit deinen Lieblingsförmchen aus.
6. Zum Aufbewahren packst du die Seifenstückchen in Gläser.

Tipp 1: Bewahre die Seifenstücke nicht zu lange auf. Sie trocknen leicht aus und werden bröseliger als „normale" Seife. Also schnell verschenken und benutzen!

Tipp 2: Achtung! Lebensmittelfarbe färbt manchmal ab. Das Seifenmachen funktioniert besser mit Seifenfarbe aus dem Bastelladen.

Bei diesem Buch wurden die durch das verwendete Material und die Produktion entstandenen CO^2-Emissionen ausgeglichen, indem der cbj-Verlag ein Projekt zur Aufforstung in Brasilien unterstützt. Weitere Informationen zu dem Projekt unter: www.ClimatePartner.com/14044-1912-1001

Penguin Random House Verlagsgruppe
FSC® N001967

2. Auflage 2020

„Der kleine Drache Kokosnuss“ ist eine Figur von Ingo Siegner.
Konzept und Texte: Steffi Korda, Büro für Kinder- und Erwachsenenliteratur, Hamburg
Artwork und Design: Alfred Dieler, Darmstadt
hf · Herstellung: AJ
Reproduktion: Lorenz & Zeller, Inning a. A.
Satz: Buch-Werkstatt GmbH, Bad Aibling
Druck: DZS Grafik d.o.o., Ljubljana
ISBN 978-3-570-17751-8
Printed in Slovenia

www.cbj-verlag.de
www.drache-kokosnuss.de
www.youtube.com/drachekokosnuss

Dieses Buch ist auch als E-Book erhältlich.